中國傳統美食文化故事

- 湯圓和元宵
- 糉子和端午
- 月餅和中秋
- 麪條和飲食習俗
- 烤鴨和飲食學問
- 中國茶和飲食健康

話小屋 等 著

新雅文化事業有限公司
www.sunya.com.hk

前言

一日三餐飯，夜寢一張牀。
在古代，什麼是幸福？
就是吃得飽，睡得好。
「民以食為天」，
日子一天天久了，人們漸漸覺得：
活着，不僅要吃得飽，還要吃得好，
天下唯「美食」與「愛」，不可辜負。

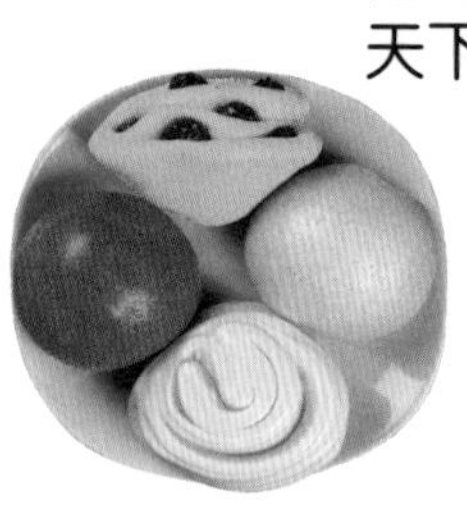

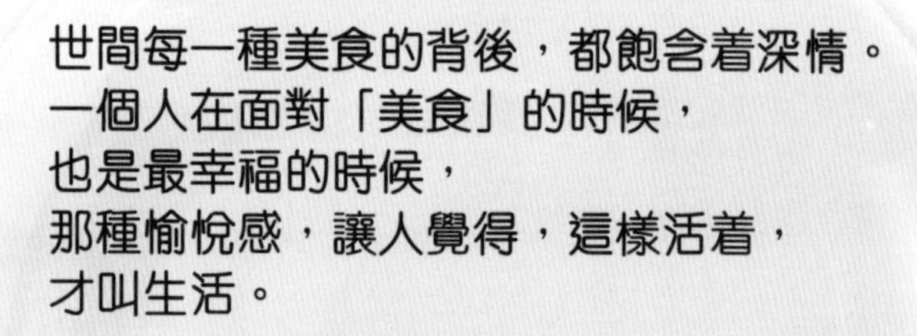

世間每一種美食的背後，都飽含着深情。
一個人在面對「美食」的時候，
也是最幸福的時候，
那種愉悅感，讓人覺得，這樣活着，
才叫生活。

美食，從古至今，
每朝、每代、每一個地方，
都有它自己的傳統特色及文化。
對於古人而言，平時生活簡單，
所以，他們經常研製各種美食來豐富自己的生活。

春節的餃子、十五的元宵、端午的糉子、
中秋的月餅……
這些，都是古人的傑作。
在品嘗這些「傑作」的時候，
你是否思考過，
這些「傑作」是從何起源？
背後又隱含着怎樣的歷史文化？

每一種美食的由來，
都有它美妙的傳說，
都有其歷史文化的縮影，
一種美食，一種文化，一種習俗……

餃子，起源於東漢，是醫聖張仲景發明的；
麪條，最早叫湯餅，已有四千多年的歷史；
饅頭包子，傳說是三國蜀漢丞相諸葛亮發明的；
糉子，春秋時期就已出現，最初用來祭祀祖先和神靈……

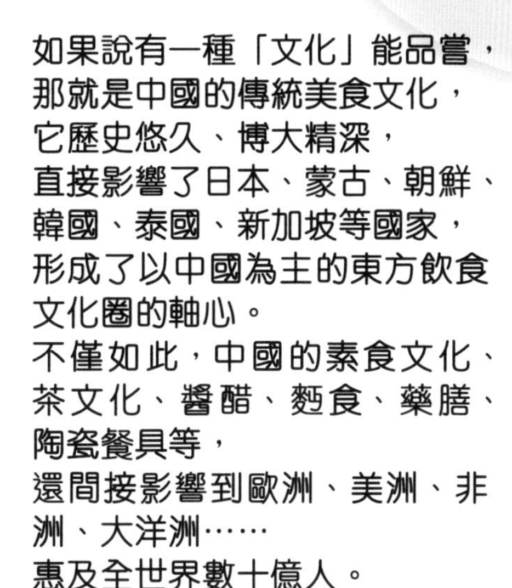

如果說有一種「文化」能品嘗，
那就是中國的傳統美食文化，
它歷史悠久、博大精深，
直接影響了日本、蒙古、朝鮮、韓國、泰國、新加坡等國家，
形成了以中國為主的東方飲食文化圈的軸心。
不僅如此，中國的素食文化、茶文化、醬醋、麪食、藥膳、陶瓷餐具等，
還間接影響到歐洲、美洲、非洲、大洋洲……
惠及全世界數十億人。

愛美食的中國人，豈止用文字與圖畫記住歷史，
更用「味道」記錄一切。

酸甜苦辣、煎炒烹炸，
中國人把這些「嘴上功夫」，
融入了藝術、審美，以及民族的性格特徵，
成為了中華文化的重要組成部分。

看似小小的一道傳統美食，
不僅能烹出歷史文化、人情世事，
還裝滿了日月乾坤、萬古千秋……
在品嘗傳統美食的同時，
也要「品嘗」其中的歷史文化。
現在，就打開這本能「品嘗」的書，
享受其中的「美味」吧！

——傳統文化圓桌派

目錄

湯圓和元宵

話小屋　著
鳳雛插畫　繪

湯

農曆正月十五元宵節，是中國傳統節日之一。古人稱「夜」為「宵」，正月是農曆的元月，而正月十五這天晚上，又是一年之中第一個月圓之夜，所以人們把正月十五稱為元宵節。

元宵節這天，民間有吃湯圓、賞花燈、猜燈謎等習俗。其中必不可少的就是吃湯圓了，湯圓在有些地方也叫元宵，寓意着闔家團圓。

外公是北方人，愛吃「滾」出來的元宵；外婆是南方人，愛吃「包」出來的湯圓。

滾元宵、包湯圓看着簡單，做起來卻費功夫、磨時間。大年初五迎完財神，外婆外公就開始準備了，除了自己吃，還要送給街坊鄰居嘗嘗鮮。

上元節

元宵節也叫上元節，「元宵」的本意就是上元節的晚上。上元節的說法源於道教，道教稱正月十五為上元節，七月十五為中元節，十月十五為下元節。

東方朔

東方朔是漢武帝的謀士。他足智多謀，輔佐漢武帝成為盛世君王。他談吐幽默，又被奉為相聲行當的祖師爺。

做湯圓的時候，外婆總會講「元宵姑娘」的故事。

漢武帝時，有個心靈手巧的小宮女叫元宵，她做的湯圓又甜又糯，好吃得不得了。一轉眼，元宵姑娘進宮三年了，很想回家看看。

有個大臣叫東方朔，他聰明又善良，答應幫元宵這個忙。幾天後，長安街頭出現了一個傳聞：正月十五上元夜，火神君問罪長安，放火燒城。

這讓漢武帝大驚失色，連忙召集大臣們商量對策。

東方朔便說：「聽說火神君愛吃湯圓，不如讓元宵姑娘出宮，教全城百姓做湯圓，請火神君高抬貴手。另外，全城張燈結綵，從天上看不就是滿城火海嗎？」

就這樣，元宵姑娘和家人過了一個團圓節。鬧了一夜燈火，長安安然無事，漢武帝大喜，就把這天叫做元宵節。

外公邊聽邊搖頭説：「小圓子、小丸子，你們外婆講的只是傳説。真正的元宵節起源於西漢初期，那時還沒有漢武帝呢！」

「西漢時，漢高祖劉邦去世後，呂后獨攬朝政，把劉家天下變成了呂氏天下。」

「經過一番血雨腥風，呂氏亂政在正月十五被平定。為了紀念這次勝利，漢王朝將正月十五定為元宵節……」

「這故事説到天黑都説不完！老頭子，快去炒芝麻！」外婆打斷了外公。

劉邦和呂后

公元前 202 年，劉邦建立西漢，定都長安，史稱漢高祖。劉邦的皇后名叫呂雉，人稱呂后。

外公把黑芝麻倒在鐵鍋裏，用小火慢慢炒着，廚房裏飄出來濃濃的芝麻香，小圓子和小丸子饞得口水都要流出來了，巴不得馬上吃一口。外婆戳了一下小丸子的額頭，笑着說：「真是一隻小饞貓！」

媽媽拿出做湯圓和元宵餡兒的材料，花花綠綠擺滿了一桌子，有紅彤彤的山楂糕、金黃的桂花醬、雪白的綿白糖，還有紅綠分明的青紅絲和香脆的花生仁。

芝麻炒好了，媽媽把炒好的黑芝麻和花生用擀麪杖擀碎，外婆把山楂糕和青紅絲切碎，接着把這幾樣東西混在一起，再淋上桂花醬拌勻，然後搓成一個個小圓球，餡料就做好了。

滾元宵啦！

1. 把元宵餡兒裹上一層糯米粉，它們就變成了元宵寶寶，現在笊籬兄弟要帶它們去泡個冷水澡。

2. 泡完澡可別着涼，快到糯米粉裏滾一滾。

3. 元宵寶寶很淘氣，它們喜歡東跑西跑，所以必須朝着一個方向滾。

4. 冷水裏泡個澡，笸籮裏打個滾，如此反覆幾次，元宵寶寶就滾成了乒乓球大小的胖娃娃。

滾元宵需要出力，外公滾了一會兒就胳膊酸了，換爸爸接着滾。

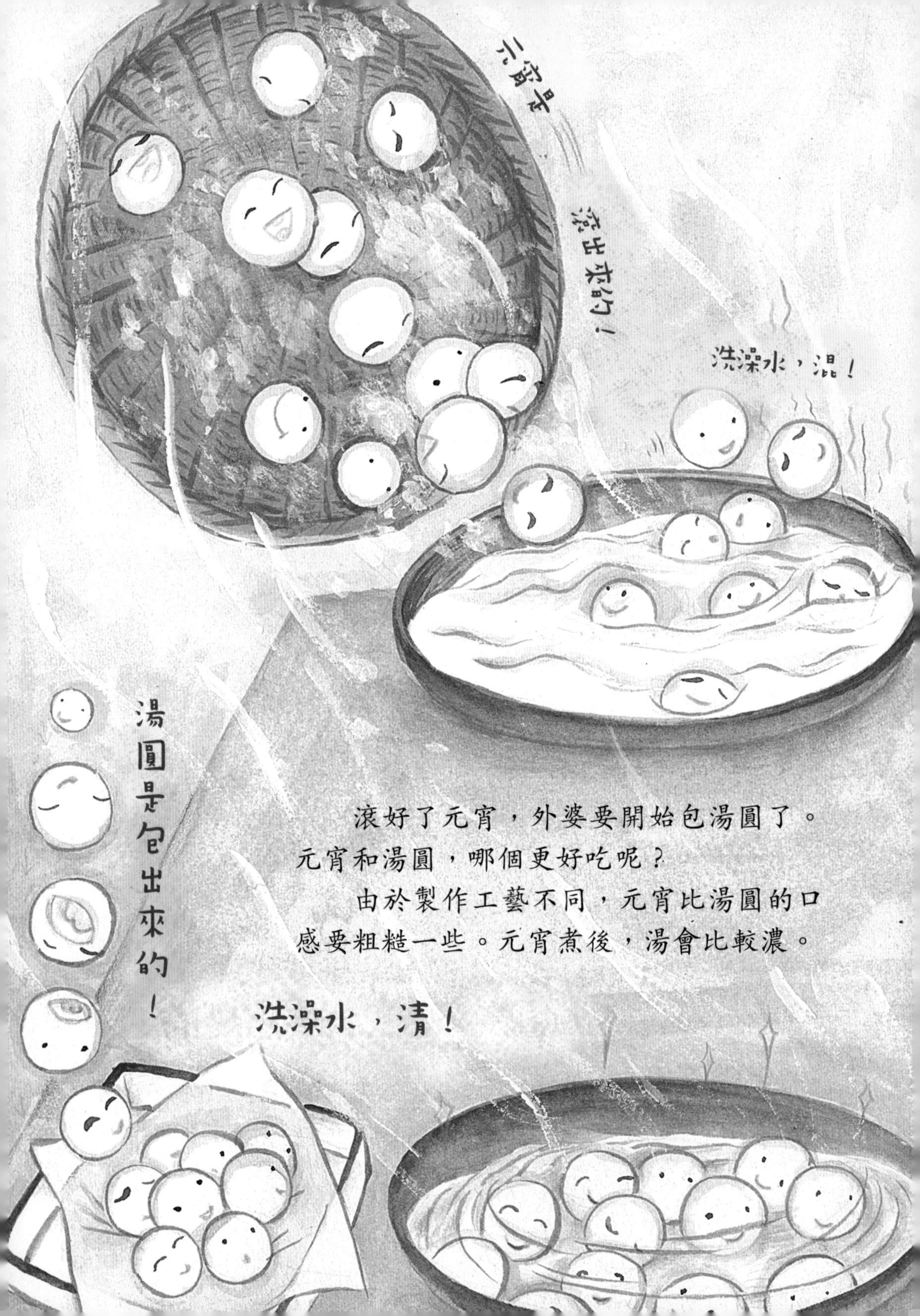

滾好了元宵，外婆要開始包湯圓了。元宵和湯圓，哪個更好吃呢？

由於製作工藝不同，元宵比湯圓的口感要粗糙一些。元宵煮後，湯會比較濃。

現在，開始包湯圓嘍！

1. 把適量的溫水倒入糯米粉中，
揉成軟硬適中的白麪團。

2. 休息 30 分鐘後，把麪團分
成一個個小麪球。

3. 把小麪球捏成酒盅狀，放上餡料。

4. 包呀包，包成球，湯圓就做好了。

湯圓做好後，就可以下鍋煮了。今年煮湯圓的任務，由小圓子和爸爸完成。爸爸把湯圓寶寶沿着鍋邊滑下去。小圓子緊盯着鍋，不敢離開半步，生怕把湯圓煮爛了。

湯圓寶寶像一羣淘氣的孩子，它們潛入水底玩了一會兒捉迷藏，又像比賽似的，一個一個浮出水面。

很快，一股撲鼻的香味四處飄散，湯圓煮好了！外婆也沒閒着，早就煮了一大鍋薑糖水。

一、二、三、四、五、六，每人都有一大碗紅糖湯圓！

熟透的湯圓滑溜溜的，就像身上抹了油。小圓子越着急，手上的筷子越不聽使喚。

小丸子拿起湯勺，說：「姐姐，吃湯圓要用勺子。」說着，他用湯勺輕輕鬆鬆舀起一個湯圓，輕輕一咬，甜滋滋的餡料就流出來了。

可小圓子偏要用筷子，經過一番較量，她終於捉住了一個湯圓。

這時，門外傳來「嗖嗖」的響聲，炫麗的煙火在空中次第綻放，有的像菊花，有的像滿天星辰。

外公提來兩隻花燈籠，一隻是用蘿蔔刻的花魚燈，另一隻是用紙做的小兔燈。小圓子和小丸子迫不及待地點亮燈籠出了門。

打燈籠、放煙花，正月十五鬧元宵。大年初五淡下去的年味，又回來了！

湯圓和元宵知識小百科

在古代，湯圓叫「浮圓子」、「湯糰」，後來才有了「北元宵」、「南湯圓」的叫法。

北方由於糯米產量少，湯圓只能作為元宵節的特定食品，人們乾脆就稱它「元宵」。

而在糯米產量較豐富的南方地區，這種食物就相當普遍了，人們叫它「湯圓」，意思是「熱水中的圓子」。

湯圓和元宵，一南一北，略有不同。

1. 製作方法不同

元宵是「滾」出來的，表皮乾燥鬆軟。湯圓是「包」出來的，表皮光滑黏糯。此外，南方還有一類沒有餡料的「湯圓」，是直接用和好的糯米粉團滾成較小的圓球狀。

元宵都是甜的

2. 口味不同

元宵的餡料偏硬，通常是甜味的，主要有山楂、棗泥、豆沙、黑白芝麻。湯圓的餡料偏軟，可甜可鹹，千變萬化，如薺菜鮮肉湯圓、酒釀湯圓。

3. 烹飪方式不同

元宵的吃法比較豐富，除了清水煮元宵，還有炸元宵、拔絲元宵、烤元宵、蒸元宵。

雲南豆麪湯圓　酒釀湯圓

薺菜鮮肉湯圓

炸元宵

湯圓都是煮着吃的。千萬別嘗試炸湯圓，非常容易爆炸！

4. 儲藏方法不同

湯圓容易儲存，保質期長。全國各地都能買到急凍湯圓，全年都可以吃到。

元宵保質期較短，稍多放幾天或者冷凍後，就容易開裂。這是因為乾糯米粉特別容易吸水，適合現場製作、當日售賣。

元宵

不論是湯圓還是元宵，這些名字與「團圓」音近，取團圓和美之意，又逢正月十五月圓之夜，象徵全家人團團圓圓、和睦幸福。

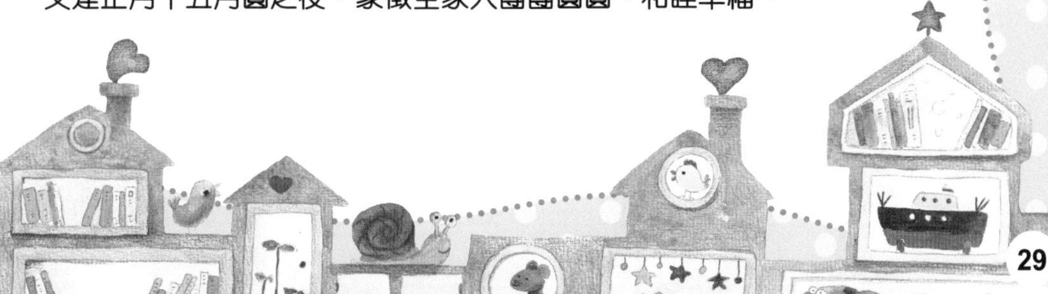

小貼士

① 在南方，有冬至吃湯圓的習俗，冬至湯圓又叫「冬至團」或「冬至圓」。根據清朝文獻記載，江南人用糯米粉做成冬至團，除了擺上冬至的餐桌，還會用它祭祖和走親訪友。

② 湯圓和元宵都由糯米製作而成，屬於精緻主食。先吃蔬菜、肉類，最後吃湯圓，可以整體延緩澱粉的消化吸收速度，也能避免消化不良。

③ 甜湯圓真甜，鹹湯圓真鮮，糯米小圓子軟又黏！湯圓雖好，可不能貪多。一次吃太多湯圓，肚子可受不了！

④ 每一種食物都是大自然的饋贈，既不會帶來神奇的養生功能，也不會輕易地破壞我們的健康大計。一碗湯圓，並不會對身體構成什麼威脅，可以放心大膽地享用。

糉子和端午

丁悅然　著
趙光宇　繪

甜的好吃！
鹹的好吃！
小糯米
小甜棗

她是姐姐小甜棗，他是弟弟小糯米，他們是孿生姐弟，在端午節那天出生。別人過生日都吃生日蛋糕，他們過生日只想吃糭子。

別看小甜棗和小糯米是在同一天出生，口味卻完全不同，小甜棗喜歡吃甜糭子，小糯米喜歡吃鹹糭子。

兩個小傢伙每天因為糭子爭來爭去，可是誰也沒贏過，每次都被姐姐小葉子教訓一頓。

爭着爭着，就到了端午節。家家戶戶都在浸糯米、洗糭葉、包糭子，外婆家也不例外。外婆正在往一盆糯米裏拌醬油，小糯米拍着手說：「哈哈，外婆要給我包鹹糭子啦！」小甜棗把嘴巴撅得老高：「外婆偏心！我要吃甜糭子！」

外婆笑眯眯地說：「鹹糭子和甜糭子都有。全家人愛吃的糭子，都記在我心裏呢。」
福
爸爸和小甜棗一樣，喜歡吃甜糭子；外婆、媽媽和小糯米一樣，喜歡吃鹹糭子；小葉子比較奇怪，她喜歡吃不甜也不鹹的白米糭。

姐弟三個最喜歡看外婆包糭子，他們搬着小板凳圍成一圈，把一張大方桌圍得嚴嚴實實。

大方桌上擺着各種誘人的原料：紅棗、花生、紅小豆、大栗子、火腿、蛋黃，還有一大碗滷肉……桌邊齊整地放着碧綠的糭葉、五彩的絲線和一捆馬蓮草。

兩大盆糯米擺在外婆面前，一盆浸潤着各種香料，用來包鹹糭子；一盆潔白如雪，用來包甜糭子。

媽媽把糭葉的根部剪掉，兩張兩張地遞給外婆。糭葉在外婆的手上翻飛，轉眼就變成了一個有稜有角的糭子，看得三個小傢伙眼花繚亂。

媽媽心細，外婆手巧，兩個人配合得十分默契，不一會兒木盆裏就堆滿了胖乎乎的糭子。

外婆一邊包糉子，一邊考孩子們：「小葉子、小甜棗、小糯米，你們知道端午節為什麼吃糉子嗎？」
小糯米主意多，反問外婆：「外婆，糉子的樣子真奇怪，不圓也不方，這是為什麼呢？」
「問得好！這還要從戰國七雄說起……」
「我知道戰國七雄，他們特別愛打架。」弟弟小糯米搶着說。

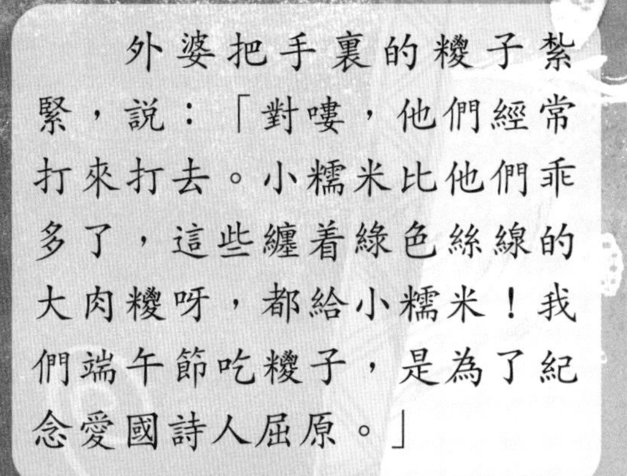

外婆把手裏的糉子紮緊，說：「對嘍，他們經常打來打去。小糯米比他們乖多了，這些纏着綠色絲線的大肉糉呀，都給小糯米！我們端午節吃糉子，是為了紀念愛國詩人屈原。」

屈原

戰國時，有七個強大的諸侯國爭雄稱霸，它們是齊、楚、燕、韓、趙、魏、秦。有一次秦國打楚國，楚國大夫屈原主張聯合其他國家抵禦秦國，可是楚王不聽。後來，秦國攻破楚國，屈原非常心痛，在五月初五端午節跳江殉國了。

楚國百姓不願讓小魚小蝦咬食屈原的身體，就把糉子包成菱角的形狀，投進江中。

「丁零零！」爸爸回來了。

三個小傢伙圍住爸爸，炫耀道：「爸爸爸爸，你知道嗎？我們吃糉子是為了紀念屈原！」

爸爸把單車放好，說：「其實呀，糉子早在屈原之前就有了。」

明清
糉子的餡料更加豐富，有紅豆、醬肉、松子仁、紅棗、胡桃、火腿等。
元代
人們放棄茭白葉，開始使用更適合包糉子的箬葉和蘆葦葉。
宋代
在糉子裏放蜜餞，稱為「蜜餞糉」。蘇東坡曾詠楊梅糉「時於糉裏見楊梅」。
唐代
女兒出嫁時，母親贈送「九子糉」，寓意早生貴子，這是因為「糉子」諧音「中子」。九子糉就是把九隻小糉子連成一串，紮着九種顏色的絲線，非常好看。

這時，外婆說：「小葉子、小甜棗、小糯米，快來幫忙。外婆教你們包糉子。」

姐弟三個早就在一旁看得手癢癢了，高興極了。

包粽子了！

1. 把兩片粽葉錯落疊放在一起，捲成一個漏斗形狀。

2. 往「漏斗」裹放少許糯米，再放入幾顆紅棗。

3. 用一些糯米把餡料覆蓋住，注意不要填得太滿。

4. 再用多出來的粽葉，左折折、右折折，把整個粽子包裹嚴實。

5. 用馬蓮草把粽子綁得嚴嚴實實的，一個粽子就包好了。

糉子包好啦，可以上鍋蒸了。火苗滋滋地舔着鍋底，三個小傢伙總想去掀開鍋蓋看一看，卻被外婆一次又一次攔了下來。外婆一會兒掏出幾個紅棗，一會兒又變出一碗綠豆湯，讓他們再耐心等一會兒。

過了許久，糭子的清香緩緩地從蒸鍋裏飄了出來，鑽進鼻孔裏，也鑽進嘴巴裏，小糯米再也忍不住了，伸手就要拿一個，小葉子連忙拽住他：「小心燙，就你嘴饞！」

媽媽把蒸好的糭子端上來，喊道：「小葉子、小甜棗、小糯米，吃糭子嘍。」這下，三個小傢伙傻了眼。糭子們裹着厚厚的糭葉，誰知道裏頭究竟藏了什麼驚喜？誰知道裏頭是鹹還是甜？

小葉子噗嗤一笑，說：「紅色絲線的，是爸爸愛吃的小豆糭子；黃色絲線的，是媽媽愛吃的蛋黃糭子；藍色絲線的，是外婆愛吃的火腿糭子；綠色絲線的，是小糯米愛吃的大肉糭；紫色絲線的，是我最愛吃的白米糭！」

「咦，我的紅棗糭子呢？」小甜棗吸着鼻子聞聞這個，不像；再看看那個，也不像。
白米糭
蛋黃糭子
「來來來，我們小甜棗愛吃的紅棗糭子在這兒呢！」外婆把兩個糭子放到小甜棗的碗裏。
想起來啦，紅棗糭子繫着馬蓮草呢！

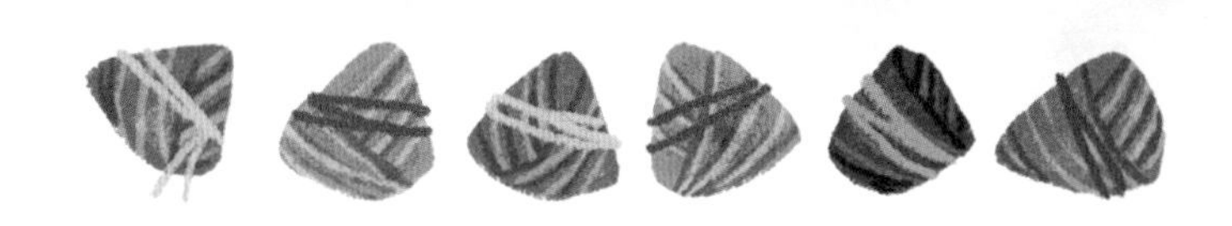

小糯米最心急，他用牙齒把絲線咬開，對一隻大肉糉發起了進攻，滷肉、香菇、栗子混在糯米間，整個肉糉泛着一種淡琥珀色，聞着就香！

小葉子就斯文多了，她拿起一隻白米糉，在白糖裏滾一滾，糯米混着白糖粒在牙齒間「嘎吱」作響。

小甜棗像個美食家，她把紅棗糉子細細打量着，像欣賞一件藝術品，然後用小尖牙輕輕咬了一口——糯米香、糉葉香和香甜的紅棗混和在一起，真好吃！

不管是鹹糉子還是甜糉子，外婆包的糉子都好吃，比生日蛋糕還好吃！

這時，外婆取來三個散發着濃濃藥香的香荷包，上面用五彩絲線繡着漂亮的圖案。

她把香包分給三個孩子，說：「這個牡丹香包給小葉子，這個荷花香包給小甜棗，這個老虎香包給小糯米。這香包裏面裝着菖蒲、艾葉、白芷等中草藥，可以驅蟲醒腦、驅惡避邪。」

「謝謝外婆！」姐弟三個高興地接過香包，放在鼻子底下聞着，生怕那香味跑遠了。

香荷包

香荷包用彩色的絲線和碎布縫成，裏面裝着多種香料。端午節時，很多人都喜歡佩戴香包。香包不僅很漂亮，據說還能驅瘟避邪，防病健身。

「咚咚咚！咚咚咚！」外面鑼鼓震天，還不時傳來「嘿喲、嘿喲」的吶喊聲，原來今天有龍舟比賽！姐弟三個趕緊把香包掛在身上，往湖邊跑去，臨出家門還沒忘帶幾隻糉子。

水面上，三條龍舟一字排開，鑼鼓一響，槳手們奮力划槳，三條龍舟就像三支離弦的箭。

三個小傢伙學着大人的樣子，一邊把糭子扔進水裏，一邊念念有詞：「魚兒魚兒，你吃糭子吧！不要咬屈原大夫的身體！我外婆包的糭子可好吃了！」

賽龍舟

賽龍舟是端午節的一項重要活動。傳說，愛國詩人屈原跳江後，許多人都划着船、你追我趕地想救他，可是一直追到了洞庭湖，也沒有找到他。後來，人們就在端午節這天，賽龍舟來紀念他。

糭子知識小百科

糭子有各種形狀的，常見的有三角形、四角形、枕頭形等。

三角糭

可以做成鹹、甜兩種口味。

四角糭

分為南北兩派。

南方四角糭體積偏大，北方四角糭是斜四角，體積略小。

八寶糭

一般用糯米、小米、花生仁、薏米、綠豆、紅豆、蓮子、葡萄乾等八種材料做成，具體怎麼搭配完全看個人喜好。

枕頭糭

體型龐大，糭子中的「巨無霸」。

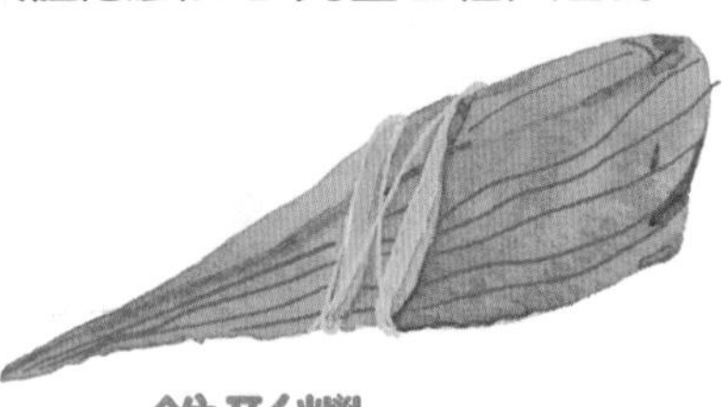

錐形糭

最古老的糭子造型，尖尖的像牛角，古代叫「角黍」。

糉子的口味就更豐富啦，簡單說有鹹糉子和甜糉子。鹹糉子品種可多了，有燒肉的、排骨的、火腿的、蛋黃的……而甜糉子就比較簡單了，就是紅棗糉子和紅小豆糉子。

竹筒糉

用新鮮的竹子包成，有淡淡的竹香。

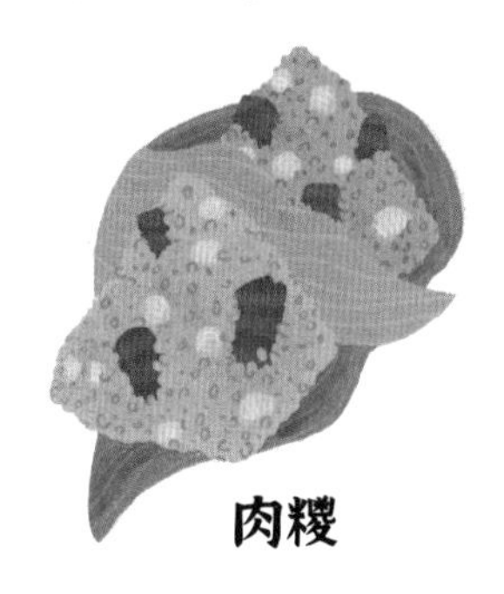

肉糉

紅棗糉

紅小豆糉子

鹹蛋黃糉

白米糉

小貼士

① 糉子熱量高、不好消化，一次不能吃太多。

② 糉子要趁熱吃，不宜冷吃。肉糉、鹹蛋黃糉油脂多，更不宜冷吃。

③ 糉子煮熟後，要在四天內吃掉，以免變質。

④ 盡量在白天吃糉子， 晚上吃糉子，腸胃難消化。

月餅和中秋

未小西　著
王煜　繪

轟隆隆，轟隆隆，月餅工廠裏機器轟鳴。香噴噴的蓮蓉餡料經過傳送帶時，工人師傅的巧手快速加入兩顆油汪汪的鹹蛋黃。接着，餡料被包進麪團裏，壓上漂亮的花紋，雙黃蓮蓉月餅二旦就這樣誕生了。

月餅從成型到出廠還要經歷一個漫長的過程。二旦和小伙伴們穿過炙熱的高温隧道，迎面而來的熱浪讓它們一下變成了小麥色。身上的餘温剛剛散去，又不知從哪兒冒出一把毛刷子，撓得二旦癢癢的，直到把他刷滿蛋液。最後，二旦來到生產線的末端——烤箱，他伸了個懶腰，很快進入了夢鄉。

過了不知多久，嘰嘰喳喳的聲音把二旦從睡夢中吵醒了。二旦揉揉眼睛，又驚又喜——自己變成了好看的金黃色！再看看四周，躺滿了月餅伙伴，他們有的白酥酥，有的黃潤潤。

「我是甜的，我想遇見一個甜美可愛的小朋友。」說話的是豆沙月餅，她的聲音真甜美。

鮮花月餅像個優雅的芭蕾舞演員，她轉了個圈，說：「我想遇見一位愛花的小姐姐。」

五仁月餅是月餅家族的老族長，他慢悠悠地說：「要是能遇到一位愛講故事的老奶奶就好了，我想打聽一下我爺爺的爺爺的……爺爺的故事。」

突然，一個大嗓門劈頭問：「嘿，新來的，你是甜的還是鹹的？」這是鹹中帶甜的雲腿月餅，他說話像打雷一樣。

「我、我……」二旦漲紅了臉，結結巴巴說不出話。

「我是甜的還是鹹的？我會遇到什麼人呢？」二旦心裏的疑問一個接一個。

還沒等他把這些問題想明白，工人們七手八腳地給他穿上了花衣服，裝進了一個漂亮的包裝盒。

二旦突然感到很不安：「我這是要去哪兒呀？」

見多識廣的五仁月餅説：「二旦，你被『訂購』了。雙黃月餅可是市場上的搶手貨！」

真是虛驚一場！二旦高高興興踏上了旅途，高低起伏的汽笛聲在耳邊呼嘯而過。

這段旅程好長好長啊，長到二旦又忍不住睡着了……

二旦做了一個香甜的夢，直到被幾道洪亮的聲音叫醒。

「馬小艾，你的速遞！」

「哎！」一個女孩清脆地喊道，「謝謝叔叔！」

接着，一雙小手把二旦接了過去，兩隻歡快的腳丫帶着它跑進了院子。

這時，另一道很急的聲音靠過來：「姐姐，誰寄來的？」

「肯定是爸爸媽媽。」女孩興奮地說。

「裏面裝的什麼呢？快拆開看看。」小男孩提議道。

兩雙靈巧的小手窸窸窣窣拆開了速遞。

二旦眼前一亮，透過縫隙打量着四周：這裏比月餅工廠還漂亮！

可是，還沒等二旦看清院子的模樣，他就被拎起來，一陣風一樣進了一間屋子：有灶、有鍋，還有個頭髮雪白、正在和麪的老奶奶。

「這是廚房吧？」二旦心裏嘀咕着。

姐姐把盒子舉過頭頂，弟弟急急忙忙地喊：「奶奶奶奶*，爸爸媽媽寄來的月餅！」

「快去洗手，吃月餅嘍！」奶奶笑眯眯地說。

* 奶奶：內地對祖母的稱呼，香港多稱嫲嫲，台灣稱阿嬤。

　　盒子裏裝着九塊整整齊齊的月餅，還躺着一封信。

　　「奶奶，這兒有封信呢，我給您念念。」女孩展開信念道，「小艾、小傑，中秋節快樂！想你們的爸爸媽媽。」

「爸爸媽媽不回來，我一點也不快樂！」小傑噘起了嘴，把月餅盒推到了一邊。

這一下，差點把二旦震碎。他在盒子裏小聲嘟囔着：「就是，就是，八月十五是團圓的日子呀！」

一雙軟軟的小手摸了摸小傑的腦袋：「弟弟，有你最愛吃的蛋黃月餅！」

小傑破涕為笑，咬了一口月餅說：「還是雙黃的呢！姐姐，你也嘗嘗。」

「真是兩隻小饞貓！」奶奶笑眯眯地說，「吃完月餅，我們做個大月餅寄給爸爸媽媽。」

「我媽媽最愛吃奶奶做的月餅了。」小艾拍着手說。

祖孫三個吃着月餅，有說有笑，雙黃月餅二旦也跟着開心起來。

一轉眼，三塊月餅下了肚，三雙手洗得乾乾淨淨。

蒸月餅嘍！沒錯，就是蒸月餅。

1. 做桂花糖：炒熟的核桃、榛子、花生、瓜子，撒點芝麻，再拌上甜滋滋的桂花醬……嘗一口，比蜜甜！

2. 奶奶把大麪團分成一個個小麪團，成一張張麪皮。一張麪皮，撒上一層桂花糖，蓋上一張麪皮，再撒一層桂花糖，再蓋一張麪皮。如此重複七次，這叫七星高照、步步高升。

3. 奶奶把七張麪皮小心翼翼地捏在一起，捏出美麗的花邊，看起來就像一朵朵綻放的桂花。

4. 小艾用筷子蘸着紅米汁，點上五個紅點，寓意鴻運當頭。小傑放上一顆紅棗，這叫團團圓圓、蒸蒸日上。

5. 哈，超級棒的大月餅進蒸鍋嘍！尋常的月餅，都是進烤箱烘烤。奶奶做的月餅與眾不同，放在蒸籠裏蒸。

蒸熟的桂花月餅，少了尋常月餅的油膩，多了一份清甜可口。小艾和小傑使勁嚥了一下口水。

雙黃月餅二旦卻看傻了眼：這個大個子，也是月餅家族的嗎？

「他呀，是月餅家族的老祖宗，就是月餅的爺爺的爺爺……的爺爺。」奶奶彷彿猜到了二旦的心思。

雙黃月餅二旦驚叫起來：「啊，那不就是五仁月餅要打聽的！」

奶奶接着說：「這要從嫦娥奔月說起。嫦娥本是後羿的妻子。有一天，後羿得到一顆不老仙丹，可是它卻落到了壞人手裏。情急之下，嫦娥吞下仙丹，飛上月宮。月亮圓圓的，就像嫦娥愛吃的桂花糖餅，從此人們給它取名月餅。」

月亮掛在高高的天空上，不時還有些陰影晃動。

小傑望着月亮，好奇地問：「嫦娥和後羿，還能見面嗎？」

「每年八月十五，嫦娥看到桂花月餅，就從月亮裏飛下來和後羿團聚了。」奶奶笑眯眯地說。

「那後來呢？嫦娥有沒有回到月亮上？」小艾問。

「這裏有好吃的雙黄月餅，有奶奶做的桂花月餅，她才不願意回去呢！」小傑説。

小傑的話把大家逗笑了，雙黄月餅二旦也跟着傻笑起來。

香甜的桂花月餅寄出去了，真盼着八月十五快點到呀！

八月十五到了，這天的月亮那麼圓，那麼亮。皎潔的月光灑在院子裏，像一層溫柔的輕紗，披在祖孫三人身上。

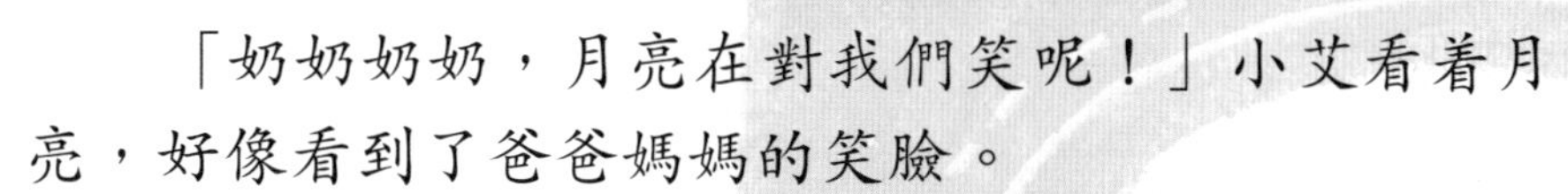

「奶奶奶奶，月亮在對我們笑呢！」小艾看着月亮，好像看到了爸爸媽媽的笑臉。

「我也看見了！」小傑咬一口月餅，開心地説。

雙黃月餅二旦抬頭往天上瞧。嘿，月亮圓圓的，像一個大大的月餅掛在天上！其實，所有月餅都有一個共同的願望，那就是——祝願家家户户闔家團圓！

月餅知識小百科

月餅圓圓的，像天上的月亮一樣，象徵着團圓，它是中秋節的必備食品。中秋節這天，人們吃着香甜的月餅，思念着故鄉和親人。

據說中秋節吃月餅的習俗始於唐朝，北宋時開始在宮廷內流行，後來流傳到民間，當時俗稱「小餅」和「月團」。

月餅品種繁多，按口味分，有甜味、鹹味、鹹甜味、麻辣味；從餡料講，常見的有五仁、蓮蓉、蛋黃、棗泥等；按餅皮分，有漿皮、混糖皮、酥皮三大類；按地域劃分，則有廣式、京式、蘇式、滇式四大門派。

蘇式月餅是月餅界的鼻祖，外皮酥鬆，層層疊疊，一口下去酥得掉渣，有豆沙、玫瑰、百果、鮮肉等多個品種。

京式月餅流行於北方，如北京稻香村的自來紅和自來白，一個金黃如麥芽，一個潔淨似白雪。一口咬下，冰糖爽口，青紅絲微甜，待到一塊下肚，嘴裏滿是桂花和山楂的餘香。

廣式月餅是這些年的主流，酥鬆細軟，皮薄餡兒大，每年都有新花樣。最經典的是雙黃蓮蓉月餅，入口蓮香濃郁，幼滑清新。

滇式月餅起源於雲南，是月餅界的後起之秀。它擅長就地取材，如鮮花月餅和雲腿月餅。

小貼士

① 月餅是高熱量食品，糖分和油脂含量都很高。一個中等大小的月餅，包含的熱量相當於兩碗米飯。所以，月餅雖好，切莫貪吃，一天最多吃一個。

② 無糖月餅並非真的無糖，只是用果糖等甜味劑來替代蔗糖。月餅的外皮和餡料，都會在身體內轉化成葡萄糖。所以，無糖月餅依然是高脂、高熱量食品。

③ 晚上活動減少，胃腸蠕動變慢，晚上吃月餅會增加腸胃負擔，容易引起消化不良。

④ 吃月餅前要檢查保質期，並打開聞一聞是否有異味，如有異味千萬不要食用。月餅吃多了會覺得很膩，可以配一些菊花茶、淡茶來吃，有助於消化吸收。

麵條和飲食習俗

話小屋　著
趙光宇　繪

麪條起源於中國，是老百姓家裏常吃的傳統麪食。在古代，人們把麪食統稱為「餅」，蒸着吃的叫蒸餅，煮着吃的叫煮餅或湯餅，湯餅就是最早的麪條。

唐宋時期的湯餅，烹製方法幾乎和現在的熱湯麪一樣。而且，唐代已有湯餅祝壽的習俗，象徵福氣綿長。

麵條的種類有很多——老北京炸醬麵、陝西臊子麵、山西刀削麵、上海陽春麵、四川擔擔麵、蘭州拉麵、武漢熱乾麵、新疆拉條、廣東雲吞麵……想想都叫人流口水！
老北京炸醬麵
山西刀削麵
廣東雲吞麵
上海陽春麵

我的爺爺是陝西人，我的奶奶是北京人。我在爺爺唱的秦腔中長大，從小就愛吃酸辣爽口的陝西臊子麪，還有醇香撲鼻的老北京炸醬麪。

爺爺常跟我和弟弟說：「岐山臊子麪名震天下，江湖上都是它的傳說。我們陝西人，上了戰場是英雄，吃起麪來也是好漢，把大頭盔翻過來就是麪碗，一個人一頓能吃好幾十碗！」

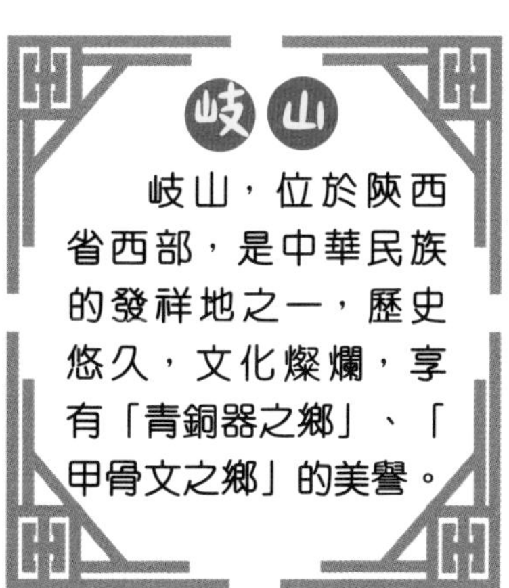

岐山

岐山，位於陝西省西部，是中華民族的發祥地之一，歷史悠久，文化燦爛，享有「青銅器之鄉」、「甲骨文之鄉」的美譽。

奶奶打斷爺爺說：
「淨吹牛！那還不把肚皮撐破了？」

關中

關中指「四關」之內，即東潼關、西散關、南武關、北蕭關，位於現在的陝西省中部。

「怎麼是吹牛呢？」爺爺一臉驕傲地說：「從古至今，誰來到我們關中地界，不得吃碗酸辣爽口的臊子麪？」

每每聽到這兒，弟弟就伸出舌頭舔舔嘴巴，口水都要流出來了。接着，我的肚子也咕咕叫了起來。我們倆都嚷嚷着要吃臊子麪。

爺爺砸吧砸吧嘴，對奶奶說：「老太婆，丫丫和蛋蛋要吃麪。」奶奶一眼看透了爺爺的心思，說：「我看就是你想吃。你呀，一天不吃麪就渾身不舒服。」

周文王
周文王，姓姬名昌，是商朝末年周氏族的首領。武王姬發消滅商朝，建立周朝，追尊父親姬昌為文王。

「以前人們真的能一口氣吃好幾十碗麪嗎？」弟弟問。

「那當然。」爺爺神秘地說道：「臊子麪又叫蛟龍麪，那麪條嚼起來跟龍筋似的，非常香！一碗根本不夠吃！民間流傳，臊子麪是周文王發明的。」

古時候，岐山有一個部落叫周，周的首領是周文王姬昌。當時，渭水河畔常有蛟龍行兇作惡，人們對牠恨之入骨。一天，蛟龍又出來作怪，文王拉弓射箭，瞄準蛟龍。

只聽「嗖嗖嗖」一陣箭雨，蛟龍「啊嗚」慘叫一聲，沒了性命。部落中的一位老者說道：「造化！造化！這蛟龍修煉多年，吃它一塊肉，可以益壽延年，驅惡除邪。」

周文王聽了眼睛一亮，隨即命令部下把蛟龍剁成小塊做成臊子，烹製成湯。敬過天地祖宗之後，周文王親自舀湯，放進大家煮好的麪碗裏，這就是最早的臊子麪。

我問爺爺：「龍肉做的臊子麪，一定很香吧？」

弟弟是急脾氣，吵着説：「我也要吃龍肉！我也要吃龍肉！」

爺爺朝廚房努努嘴，大聲説：「不管是龍肉還是什麼肉，都沒你奶奶做得香！」

不用説，爺爺的話飄進了奶奶的耳朵，奶奶笑得合不攏嘴，説：「臊子就是肉丁。臊子麪要想做得地道，秘訣全在臊子湯和配菜上。丫丫、蛋蛋，奶奶教你們做臊子麪。」

1. 選上好的五花肉，切成小塊，就是臊子。

2. 把臊子在鐵鍋裏　出油，加上醋、辣椒粉等調料。

3. 加上兩大碗水，小火慢燉，一股濃香的酸辣味很快在廚房瀰漫開來。

4. 接着準備做配菜，將胡蘿蔔、豆腐、金針菜、木耳等切成小薄片，炒熟。

在案板上，麪團正被擀開，又揉到一起；再擀開，再揉，再擀……麪粉裏面的筋絲全被拉開了。擀開的麪，像牀單似的一次次展開、疊起，再展開、再疊起……

白麪慢慢泛起了青色，奶奶把「牀單」折疊起來，切成均勻的細絲。

麪條切好了，鍋裏的水也咕嘟咕嘟冒起了泡，下麪條啦！

吃臊子麪得用大碗——像頭盔那麼大，這樣吃起來才有英雄氣概。煮熟後的麪是青色的，跟玻璃似的半透明，用筷子挑起，都能看見對面的人影。澆上臊子湯和配菜，一碗正宗的岐山臊子麪就做成了。

麪條勁道，臊子鮮香，濃湯上浮着一層紅油，一口氣吹不透。雖有點燙嘴，但酸、辣、香刺激着味蕾，讓人忍不住急速吞嚥，發出像哨子一樣的「噓噓」聲——所以，它又叫哨子麪。
這天， 我和弟弟每人吃了三大碗！臊子麪的香味瀰漫着整個屋子，也瀰漫在我腦海裏的古老中原大地……
老陳醋

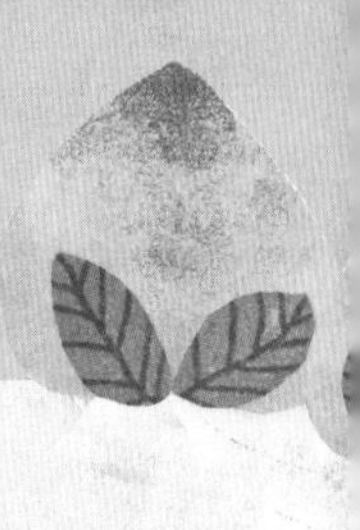

中國人吃麪的習慣由來已久：夏至要吃麪，穀雨要吃麪，過生日要吃長壽麪。

再過幾天，就是奶奶的七十大壽了，爸爸媽媽打算給奶奶辦一個豪華壽宴，有燒鵝、薰雞、大螃蟹……奶奶卻搖搖頭說：「我就想吃碗老北京的炸醬麪。」

「行，我來給你做。」爺爺舉起雙手贊成，「吃了長壽麪，長長久久！」

「過生日為什麼要吃麪呢？」我和弟弟想不通。媽媽說：「因為麪條又長又瘦，諧音『長壽』，寓意長命百歲。」

於是，在奶奶生日這天，由爺爺掌勺，我和媽媽做助手，給奶奶做炸醬麪。

彭祖

彭祖是先秦道家先驅之一，以長壽著稱。傳說他活了八百多歲，一生經歷了堯、舜、禹、夏、商、周。

過生日吃長壽麪的習俗，由來已久。相傳，漢武帝渴望長生不老，有一次他問東方朔：「聽説人中長一寸就有百歲壽命，你看我的人中，我能不能活到一百歲？」

東方朔哈哈大笑，説：「按您這麼説，彭祖活了八百多歲，人中至少有八寸長，那他的臉得多長呀！」

「哈哈——大長臉！」我和弟弟聽了都大笑起來。媽媽也笑着説：「臉就是麪，説臉長，就是『麪』長，人們用長長的麪條，來表達長壽的願望呢。」

說話間，爺爺用肉丁和葱薑做好了炸醬，媽媽也將黃瓜、香椿、豆芽、青豆、芹菜、蘿蔔等做成了配菜。麪條煮熟後，放入涼水裏抖幾下撈出，根根分明。爺爺熟練地把配菜和炸醬倒入碗中，伴隨着清脆的碰瓷聲，有「譜」又有「麪」。

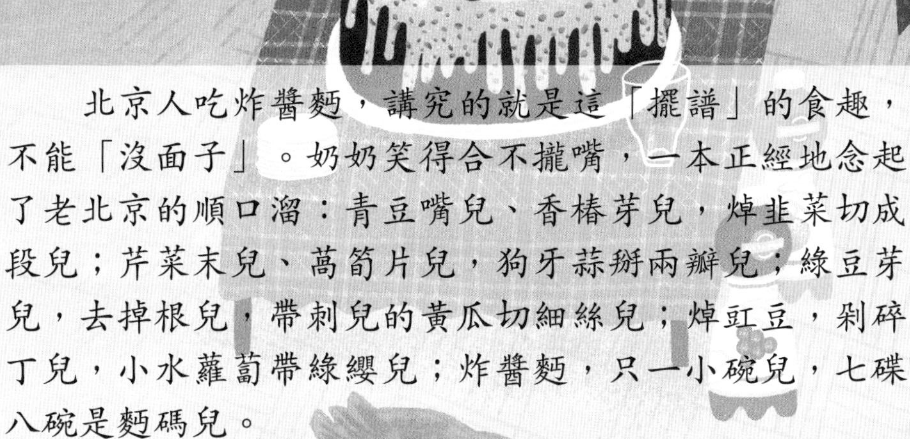

北京人吃炸醬麪，講究的就是這「擺譜」的食趣，不能「沒面子」。奶奶笑得合不攏嘴，一本正經地念起了老北京的順口溜：青豆嘴兒、香椿芽兒，焯韭菜切成段兒；芹菜末兒、萵筍片兒，狗牙蒜掰兩瓣兒；綠豆芽兒，去掉根兒，帶刺兒的黃瓜切細絲兒；焯豇豆，剁碎丁兒，小水蘿蔔帶綠纓兒；炸醬麪，只一小碗兒，七碟八碗是麪碼兒。

爺爺和奶奶笑了，他們的眼睛亮亮的；爸爸媽媽笑了，他們的眼睛亮亮的；我和弟弟也笑了，我們的眼睛亮亮的……

麪條知識小百科

麪條起源於中國，有四千多年歷史。從南到北、從東到西，每個地方都有一碗特色麪條：北京炸醬麪、陝西臊子麪、山西刀削麪、上海陽春麪、四川擔擔麪、蘭州拉麪、武漢熱乾麪、新疆拉條、廣東雲吞麪……這些麪條模樣不同，滋味也各有千秋。

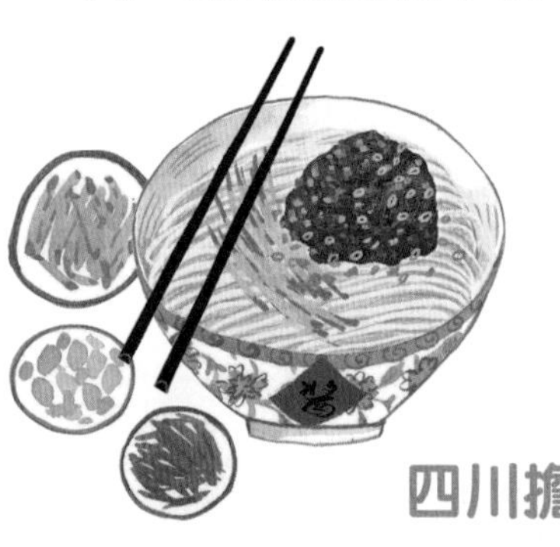

老北京炸醬麪

有人說，炸醬麪就像是麪中的「滿漢全席」，因為它足夠豐盛。麪條裏配上豆芽、青豆、黃瓜、蘿蔔等各式配菜，保證你口舌生津。

四川擔擔麪

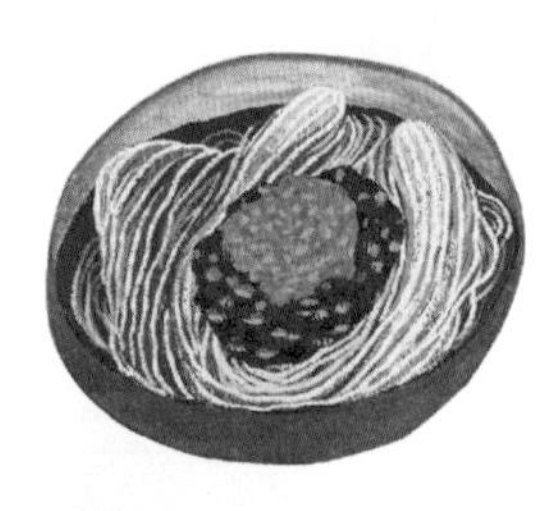

相傳是一個叫陳包包的自貢小販創製，因為早期是用扁擔挑在肩上沿街叫賣，所以叫做擔擔麪。

廣東雲吞面

雲吞入口爽滑，麪條彈牙有嚼勁。

蘭州牛肉麪

當地人描述它是一清、二白、三綠、四紅、五黃，即：湯頭清亮醇厚，蘿蔔純白如玉，蒜苗翠綠可人，辣椒油鮮紅似火，麪條勁道透黃。

岐山臊子麵

有三千年的歷史，最早始於周代。臊子就是肉丁的意思。臊子麵講究色香味，黃色的雞蛋皮，黑色的木耳，紅色的胡蘿蔔，綠色的蒜苗，白色的豆腐，既好看又好吃。

山西刀削麵

削麵好吃又好看。身懷絕技的削麵師傅，把麵團頂在頭上，手中兩把刀左右開弓，削麵如流星趕月，在空中劃出一道美麗的弧線，正好落在鍋中。

上海陽春麵

也叫光麵、清湯麵，湯清味鮮，清淡爽口。民間習慣稱陰曆十月為小陽春，上海市井隱語以「十」為陽春。從前，此麵每碗售錢十文，故稱陽春麵。

武漢熱乾麵

一碗熱乾麵，絕對可以代表對武漢的所有記憶。口感糯而不軟，芝麻醬的味道裹挾了整個口腔。

延吉冷麵

在延吉，不論北風呼嘯的冬日，還是炎熱似火的盛夏，都少不了一碗帶冰的延吉冷麵。

小貼士

① 太涼的麪條，會刺激腸胃，容易引發腹瀉、腹痛。太燙的麪條，可能會損傷食道。所以，最好吃温熱適口的麪條。

② 麪湯易於消化。吃麪喝湯，美味又健康。

③ 麪條自古就被認為是養人的食物，傳統「病號餐」首選麪條。《荊楚歲時記》說：「六月伏日食湯餅，名為辟惡。」惡，是疾病的意思。夏天蚊蟲多，吃上一碗熱騰騰的麪條，出一身汗，可以驅病辟邪。

④ 掛麪和即食麪是麪條家族的重要成員，也是家家戶戶常備的方便食品。為了延長保質期，這兩種麪條在加工過程中都加了一定的添加劑，盡量少吃或不吃。

烤鴨和飲食學問

史小杏　著
鳳雛插畫　繪

我家住在北京一條古老的胡同裏，祖祖輩輩都在鴨班兒學藝。我爺爺的爺爺的爺爺……的爺爺是烤鴨師傅，我爺爺也是烤鴨師傅。

對了，我叫胖丫，這名字是我爺爺取的。他每天跟鴨子打交道，就給我取了這個近似的名字。我喜歡這個名字，也喜歡聽我爺爺講鴨班兒的故事。

爺爺在講故事之前，總要先喝一大口茶水潤嗓子。

他告訴我：「第一隻烤鴨出在帝王家，明朝開國皇帝朱元璋特別愛吃鴨子，南京的廚師們就挖空心思研究不同的做法，發明了烤鴨……」

朱元璋

元朝末年，朱元璋用「驅元兵殺韃子」作為暗號，準備在中秋夜起義。不料，有人走漏了消息。鄉親們靈機一動，把暗號改成「吃月餅，殺鴨子」。為了紀念鴨子的功勞，朱元璋當上皇帝後，規定中秋節不僅要吃月餅，還要吃鴨子。

我好奇地問：「朱元璋家的鴨子，比北京烤鴨還好吃嗎？」我奶奶說：「傻丫頭，先有南京烤鴨才有北京烤鴨。朱元璋的兒子朱棣當上皇帝，把都城從南京遷到北京，把烤鴨從南京帶到北京，這才有了北京烤鴨。」

老北京有個說法：七八九不吃鴨。這是因為夏天的鴨子太瘦，烤出來不脆。臨近夏天的尾巴，幾位老街坊都想來隻烤鴨解饞，三天兩頭來找我爺爺下棋。我爺爺是胡同裏水平最差的，平時根本沒人願意和他玩。這會兒，我爺爺卻不慌也不忙，說：「快了快了，秋後挑一個大晴天，我請客！」

我聽了，使勁嚥了嚥口水，把肚子裏的饞蟲壓了回去。

今天是立秋，有兩件高興事：一是我爺爺請大家吃烤鴨，二是我爺爺同意我進後廚參觀啦！一大早，前堂靜悄悄的。而在後廚，這一天的重頭戲已經開始了。
以質量求生存

我爺爺他們每天早上第一件事，就是拜祖師爺。鴨班兒公認的祖師爺是「孫小辮」，孫師傅是北京第一位民間烤鴨師傅，聽說他還給皇帝烤過鴨子呢。

我摸摸頭上的兩個羊角辮，心想：孫小辮，好奇怪的名字。

我正想得出神，爺爺已經開始點火了。這烤爐裏的火着了一百年，前一天晚上營業結束後，鴨班兒師傅把烤爐裏的炭灰集中到一起，用一個爐蓋蓋上。早上把爐蓋一打開，木炭就引着了，然後再添上新劈柴。尋常劈柴可不行，要用棗木、梨木等果樹木頭，這樣烤出來的鴨子有果香味。

除了我爺爺，鴨班兒的其他師傅也在忙着：

1. 製坯：先切掉鴨掌，然後用吹針把皮肉相連的地方吹鼓起來。

2. 燙皮：左手提鴨鈎，右手舀起一瓢沸水，澆在鴨坯上。

3. 打糖：把蜂蜜或白糖與水按照 1:7 的比例稀釋，澆在鴨坯上。

4. 晾皮：將鴨坯掛在陰涼、乾燥、通風處晾曬。

5. 灌水：用秸稈插入鴨坯的肛門，然後向鴨膛內灌水。

6. 入爐：把鴨坯送進掛爐。

到中午飯點了，老街坊們陸續來了，堂食等座的客人也越來越多。大多數人和我一樣，不甘心就這麼坐着，而是好奇地圍着烤鴨間看。

在烤鴨間裏，我爺爺將一隻又一隻的鴨子接連不斷地送進了烤爐。雖然叫烤鴨，可是火並沒有直接烤到鴨子，火苗只是在烤爐門口發揮着熱量。

北京烤鴨有兩大門派——掛爐烤鴨和燜爐烤鴨，如今的代表分別是全聚德和便宜坊。
銀鈎常掛百味鮮
這是掛爐烤鴨。
烤鴨
2008 年，全聚德掛爐烤鴨技藝、便宜坊燜爐烤鴨技藝入選第二批國家級非物質文化遺產。

這兩種烤鴨區分起來很簡單，掛爐烤鴨開着爐門，焖爐烤鴨關着爐門。

掛爐烤鴨必須得盯爐，才盯了一會兒，我爺爺的額頭就冒出一層汗珠，帽子邊兒都濕透了。焖爐烤鴨因為看不到鴨子，全靠師傅根據經驗把握火候。

一隻鴨子要烤上一炷香的工夫，盯爐的時候一定要眼明手快。對於鴨班兒師傅來說，烤一隻鴨子不是什麼難事，把一爐鴨子甚至是兩三爐鴨子給烤好，可就不那麼容易了。

一爐能烤十八隻鴨子，兩爐烤多少隻？三爐又是幾隻？二八一十六，三八二十四…… 啊，太難了！我算不出來……反正就是有很多很多隻。

烤鴨的美味自不必多說，「庖丁解鴨」的過程更是令人大飽眼福。
真香！

烤鴨出爐，由廚師推着小車送過來，用薄薄的刀刃將鴨肉片成一片一片的。我爺爺能在幾分鐘內將一隻烤鴨片出百餘片，你爺爺行嗎？

庖丁解鴨

化用成語「庖丁解牛」。「庖」是廚師，廚師因為熟悉牛的身體結構，很輕鬆就把牛肉分割好了。比喻經過反覆實踐，掌握了事物的客觀規律，做事得心應手。

糖

吃烤鴨也大有學問。胸口那塊皮又酥又脆，適合蘸白糖，吃到嘴裏就像棉花糖一樣，眨眼就化了。鴨脯上的肉最肥嫩，我爺爺把它片成柳葉形狀，叫片條，專門捲餅吃。鴨腿上的肉有嚼勁，我爺爺把它片成杏葉的形狀，叫片片。幾片鴨肉，抹點醬，再用荷葉餅這麼一捲——好吃！

烤鴨全身是寶。吃完鴨肉，鴨架還可以做成鮮美的鴨架湯，也可以做成香酥鴨架。

正宗的北京烤鴨要用專門的「北京填鴨」。初期，玉泉山一帶是專門給皇帝養鴨子的地方，這些鴨子從小吃的是皇糧，喝的是山泉水，烤出來能不好吃嘛！

北京烤鴨知識小百科

一隻優秀的北京烤鴨有以下特點：

鴨坯：

過程很複雜……

品種：

京郊40天左右的填鴨

大小：

4斤～6斤

鴨肉：

鮮嫩多汁

鴨皮：

又香又脆

烤製：

一炷香的時間

烤鴨標準吃法

荷葉餅：

手工現烙

烤鴨配料：

麪醬、葱絲、黃瓜條

鴨肉：

一隻標準的北京烤鴨有88片或108片肉

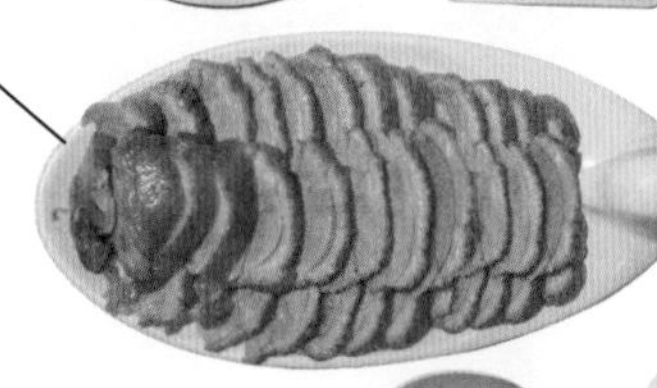

五花八門的鴨子美食

早在三千多年前，鴨子就被中國人馴化為家禽，成為餐桌上的美味佳餚。除了北京烤鴨，全國各地都有吃鴨的習俗，主要分為熏烤派和燉煮派。

熏烤派的代表有：北京烤鴨、四川樟茶鴨、廣式燒鴨等。

燉煮派的代表有： 四川太白鴨、福建薑母鴨和浙江老鴨煲等。

除了這些隆重的鴨子菜餚，更家常的是鹹鴨蛋、松花蛋和鴨子做成的滷菜。

鴨血粉絲湯

鴨血粉絲湯是南京傳統美食，由鴨血、鴨腸、鴨肝等做成。

鴨子全身是寶，每一處都可以做成滷味。

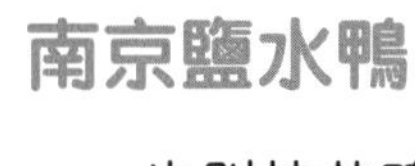

南京鹽水鴨

也叫桂花鴨。每年八月桂花盛開，是鴨子最肥美的時刻，用來做鹽水鴨最好吃，鴨肉中仿佛隱隱飄出桂花清香。

小貼士

① 烤鴨比較油膩，所以適合捲在荷葉餅裏或夾在空心燒餅裏吃，還可以根據個人口味加上其他佐料，如葱段、甜麪醬、蒜泥等。

② 俗話說一分錢一分貨，烤鴨也是如此。路邊的廉價烤鴨，品質難以保障，最好不要購買。

③ 如果你是一個人去烤鴨店，可以點半隻烤鴨。半隻烤鴨並不是把一隻鴨子切成兩半烤，烤鴨店會讓你和其他顧客分享一隻烤熟的鴨子。

④ 吃烤鴨時，剩下的鴨架怎麼處理？可以讓飯店加工成鴨架湯或香酥鴨架，也可以打包帶回家。

中國茶和飲食健康
史小杏 著
譚美娜 繪

禪茶一味
在一條很老很老的街上，有一家小茶館。茶館的老闆是一位笑眯眯的老頭，他鼻子上架着一副小眼鏡，胖墩墩的肚子像把大茶壺，他是我外公。

茶館小而精緻，左手邊是櫃檯，青、綠、紅、白、黑、花茶等一應俱全。右手邊擺着長桌與方桌，長凳與小凳。這裏賣茶，也提供免費茶水，還有外婆炒的花生瓜子。

外公喜歡以茶會友，每天都會沏上三大壺茶：紅茶、綠茶、花茶，有時還會掐幾朵新鮮的茉莉花放裏面。桌子上，一排豆綠色的茶碗排開，誰渴了自己倒就是了。

二爺爺是茶館的常客，他遛完鳥，總會來喝杯花茶歇歇腳，不把中國上下五千年聊上一遍絕不甘休。

有人打趣二爺爺：「老爺子，什麼物件到您嘴裏都能說段老黃曆出來，今天給大家說說眼前這杯花茶吧。」

阿寶喜歡聽故事，看到二爺爺旁邊的竹椅上沒人，一屁股就要坐下去，外公趕緊拉起他，小聲說：「這裏有人了。茶客把茶托放在椅子上，表示他有事暫時離開……」真有趣，一個小動作還有潛台詞呢。

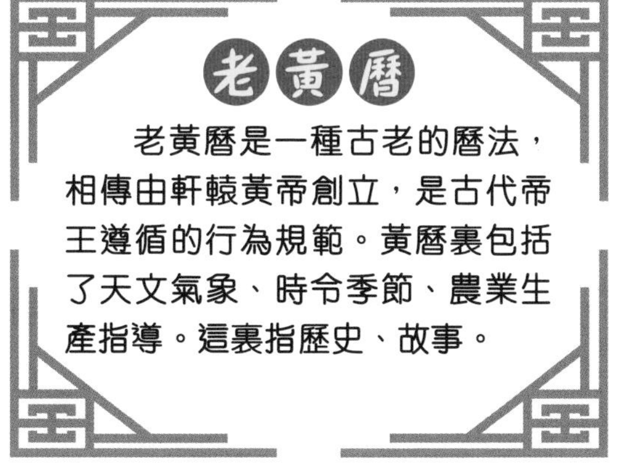

老黃曆

老黃曆是一種古老的曆法，相傳由軒轅黃帝創立，是古代帝王遵循的行為規範。黃曆裏包括了天文氣象、時令季節、農業生產指導。這裏指歷史、故事。

二爺爺呷了一口茶水，不緊不慢地說：「這花茶是一位叫陳古秋的茶商創製的，他是怎麼想到把茉莉花加到茶葉中去呢？說來話長……」

陳古秋是個大善人，有一次他去南方辦茶，在客棧遇到一個乞討的少女。陳古秋看她可憐，就送了她一些銀子。過了三年，陳古秋又去南方辦茶，客棧老闆轉交給他一小包茶葉，說是三年前的少女交送。

那茶葉看着不起眼，誰知竟是世間珍品：沖泡時，碗蓋一打開，先是異香撲鼻，接着在冉冉升起的熱氣中，一位手捧茉莉花的少女浮現出來。

陳古秋覺得，這是茶仙提示，茉莉花可以入茶。從此，就有了這芬芳誘人的茉莉花茶。

要是有貴客來訪，外公會好好泡上一壺工夫茶。

外婆燒開一壺山泉水，外公把泡工夫茶的工具擺開一溜兒。常用的有茶盤、紫砂壺、茶杯、茶寵、公道杯、茶葉、茶匙、茶夾、茶洗……如果泡茶餅，還會用到茶刀。差點忘了，還有外婆親手做的茶食。

工夫茶講究審茶、觀茶和品茶。

1. 審茶：在茶葉沖泡前，看一看，聞一聞。

2. 觀茶：把茶投入壺中，注入熱水，茶葉在水中打了幾個滾後，與水融為一體。

3. 品茶：先嗅茶香，再品茶湯。茶葉一經沖泡之後，香味從水中散溢出來。輕輕抿一口，有點微苦，經過喉嚨時變成了甘甜。

阿寶看外公他們喝茶眼饞，忍不住抿了一口，卻有說不出的苦澀，連連說：「太苦了太苦了，比藥還苦！」惹得茶友們哈哈大笑。

獅峯山龍井
武夷山大紅袍
太姥山白茶
洞庭山碧螺春
黃山毛峯茶

看着外公擺弄那些寶貝茶具，阿寶歪着頭問：「什麼茶最好喝？」

外公說：「茶山的茶最香最好喝。」

阿寶一頭霧水：「我知道名山出好茶，可從來沒聽說過什麼『茶山』。」

外公喝了一口茶，潤了潤嗓子，說：「懂得還挺多，那你說說看。」

阿寶清了清嗓子說：「武夷山大紅袍，廬山雲霧茶，獅峯山龍井，太姥山白茶，黄山毛峯茶，洞庭山碧螺春……」

外公說：「說得好，名山出好茶。不過，跟我們老家茶山的茶比，還是差點意思。」

茶山是外公的老家。阿寶在北京出生，在北京長大，經常聽外公說起茶山，卻從未去過。

阿寶對茶山充滿了好奇，說：「外公，等春天我們去茶山吧。」

「好呀！」外公高興極了，「外公帶你做茶去！」

一座山，幾片茶，滋養着一座小城。

不知走了多久，阿寶突然聞到一股甜甜的香味，是桂花！一抬頭，一棵好大的桂花樹就在眼前，一座小亭子藏在樹後。

外公說：「那是茶亭，給人們歇腳的地方。」

送水的老伯聞聲過來，說：「老伙計，你可回來啦！」

「叫水伯伯！」外公推了阿寶一下。

阿寶皺着眉頭說：「叫水伯伯沒問題，但是我可不想喝茶，苦苦苦！」

外公卻不見外，連喝了三大碗，直誇水好茶也好。

《茶亭》

唐 · 李商隱

靜得塵埃外，
茶芳小華山。
此亭真寂寞，
世路少人間。

茶亭

茶亭提供免費茶水，是行人避風躲雨、解渴歇腳的地方，也是至親好友送別之處。每座老茶亭都有一段故事。三國時期，魯肅請關羽過江喝茶，關羽單刀赴會臨江亭。

晚上，外公親自下廚，做了一桌子家鄉菜，水伯伯還送來了幾隻大肉糉……阿寶不知不覺吃了很多。等反應過來，肚子撐得難受。

外公見阿寶臉色難看，招呼外婆拿些「老茶婆」來。

阿寶捂着嘴把頭搖：「我不吃，我不吃，我不吃樹葉子！」

外婆說：「這可不是樹葉子，是能治病的茶。」

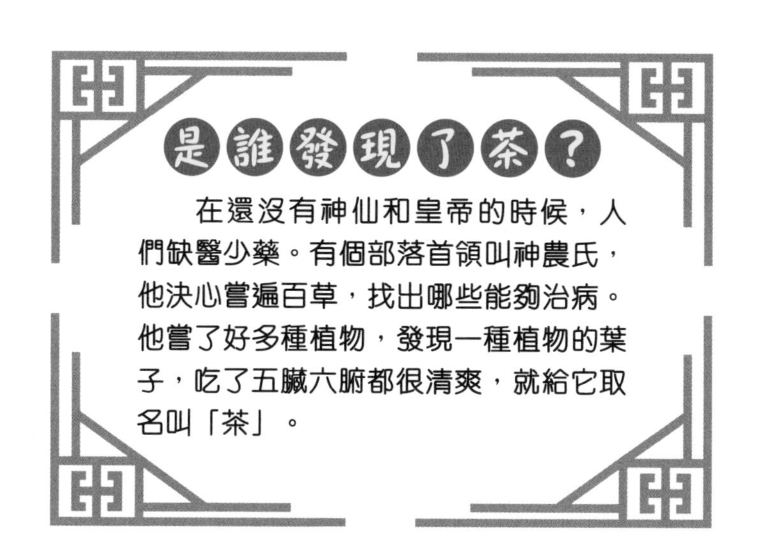

是誰發現了茶？

在還沒有神仙和皇帝的時候，人們缺醫少藥。有個部落首領叫神農氏，他決心嘗遍百草，找出哪些能夠治病。他嘗了好多種植物，發現一種植物的葉子，吃了五臟六腑都很清爽，就給它取名叫「茶」。

1. 漢代以前

人們用茶煮粥，當菜吃。

阿寶問：「神農氏找到的茶，就是我們現在喝的茶嗎？」

外公笑眯眯地說：「外婆說的都是傳說。在古代的傳說中，茶葉是這樣發現的，可是人們飲茶的方式卻經歷了幾千年的演變。」

2. 漢朝

茶成為飲品，與酒的地位相當。東漢末年，東吳魯肅在臨江亭設宴，邀請關羽單刀赴會，名義上是喝茶，實際上飲酒。

3. 唐代

流行煎茶法，陸羽做《茶經》，把喝茶變成一門藝術。煎茶時加入葱薑、紅棗、薄荷調味。茶的形態為茶餅。

6. 現在

茶是人們日常生活中不可缺少的飲品。茶葉形態以散茶為主，還有茶餅、花茶等。

5. 明代

飲茶方式由煎煮逐漸變成泡飲。茶葉貿易發達。

4. 宋代

文人以鬥茶為樂趣，流行點茶法。

外公捏起幾片老茶婆，說：「這茶山的老茶婆比藥還靈。嚼碎嚥下去，一會兒就沒事了。」

阿寶硬着頭皮嚼了幾片，隨着「沙沙」的響聲，細嚼慢嚥之間，茶葉的清香頃刻充滿整個肺腑，肚子也沒那麼難受了。

外婆外公笑着說：「沒事了，沒事了。」

阿寶對茶山產生了一種莫名的敬畏之情。

茶葉的歷史

最早，茶葉是邦國大典中的重要祭品。春秋後期，人們用茶葉製作美食。西漢時，人們發現了茶葉消食解渴的保健作用，把它作為宮廷高級飲料。西晉後，茶葉種植面積不斷擴大，喝茶開始在民間流行。

第二天一大早，阿寶背着背簍，跟着外婆外公去了茶山。

綠油油的茶山爬過溪畔，爬過金色的油菜花田，一直爬到天邊，怎麼也望不到頭。忙碌的採茶女點綴在茶樹間。放眼望去，漫山皆綠色，綠得青翠，綠得醉人。外公不時停下來，清一清茶樹周圍的雜草。

阿寶覺得採茶也沒那麼難，見到葉子就拔。外公説：「阿寶，你這樣會傷到茶樹的。」

阿寶的臉上瞬間有了紅暈。

外婆笑着說：「這些茶樹呀，都是你外公的寶貝。採茶的時候，不能用指甲掐，要用巧勁兒往上提。清明節前採摘的茶，要採頂芽和芽旁的第一片葉子，這叫一心一葉。」

採茶

製作不同的茶，採摘部位也不同。採頂芽和芽旁的第一片葉子，叫一心一葉，多用來製作特級茶葉；採頂芽和兩片葉，叫一心二葉，多用來製作品質較高的茶葉。

一芽三葉及三葉以上則是用來製作普通茶葉。不過，著名的水仙岩茶是個例外，用的也是一芽三葉。

茶山有「女採茶，男炒茶」的習俗。婦女們心靈手巧，總是能找到最適合製作茶葉的嫩葉。男人們身強力壯，手上有勁，靠手上功夫熟練炒製。茶農人家的生活，在清香四溢中忙碌着。

坐在醉人的茶山中，體驗了從一片樹葉到茶的過程，阿寶也覺得茶山的茶是世界上最香的茶。

中國茶知識小百科

中國是茶葉的故鄉，茶葉種類十分豐富。

按照茶葉的顏色和外形，我們可以簡單地把茶葉分為六大類，分別是綠茶、青茶、紅茶、白茶、黑茶和黃茶。

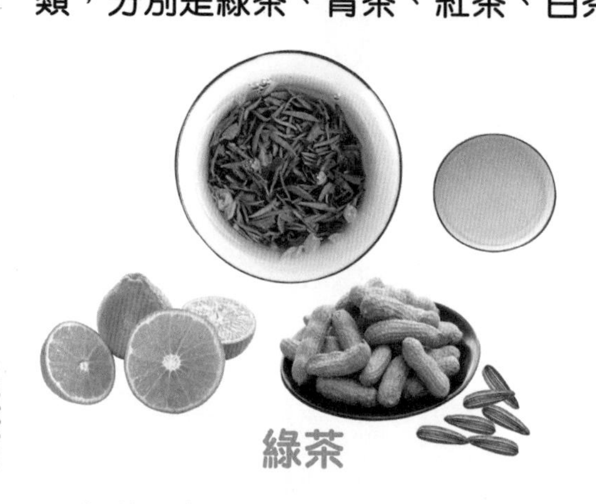

綠茶

綠茶沒有經過發酵工序，湯色碧綠清澈。西湖龍井、碧螺春是綠茶中的極品。

白茶

白茶在加工的時候不炒不揉，茶葉披滿白毛而呈現出白色。白茶名品有白牡丹、安吉白茶等。

青茶

青茶，又稱烏龍茶，製作工藝介於紅茶與綠茶之間。烏龍茶中的名品有大紅袍、水仙、肉桂、安溪鐵觀音和台灣凍頂烏龍。

黃茶

黃茶特點是黃湯黃葉、滋味甜醇，主要有君山銀針、遠安黃茶。

紅茶

紅茶因沖泡後的茶湯和葉底色呈紅色而得名。紅茶品種主要有正山小種、金駿眉、祁門紅茶等。

黑茶

黑茶味道濃郁醇厚，包括雲南普洱茶、四川邊茶、廣西六堡茶等多種品類。

花茶

綠茶、紅茶和烏龍茶等，在加工過程中加入鮮花，就做成了花茶。常見的有茉莉花茶、桂花烏龍、九曲紅梅。

小貼士

① 喝茶有利於身體健康，但是不同的茶適合不同的人。比如，腸胃不好的人，不宜喝綠茶，可以換成紅茶和花茶；青茶和黑茶有降血脂的效果；綠茶醒腦，適合忙碌的上班族。

② 奶茶是在茶中加入了牛奶、糖、鹽等製作而成，常見的有草原奶茶、台灣珍珠奶茶、香港絲襪奶茶等。不過，市面上有些奶茶裏並沒有茶，只是奶精沖兌的飲料，含糖量驚人，盡量少喝。

③ 小朋友的腸胃還沒發育好，而且喝茶會影響睡眠，所以不建議小朋友多喝茶，不過可以嘗嘗水果茶。

中華傳統美食文化檔案

餃子
發明人：張仲景
起源朝代：東漢末年
寓意：招財進寶、辭舊迎新、吉祥如意

月餅
發明人：嫦娥
起源朝代：遠古傳說
寓意：闔家團圓

北京烤鴨
發明人：朱棣
起源朝代：明朝
特點：享譽世界

糉子
發明人：不詳
起源朝代：春秋時期以前
寓意：紀念屈原、平安吉祥

麪條
發明人：文王姬昌發明臊子麪
起源朝代：四千年前
寓意：福氣綿長、長命百歲

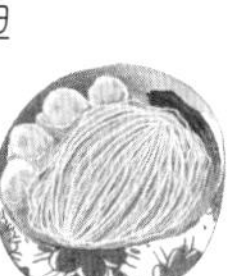

火鍋
發明人：成吉思汗
起源朝代：宋代
寓意：紅紅火火、團團圓圓

湯圓 • 元宵
發明人：元宵姑娘
起源朝代：西漢
寓意：團團圓圓、和睦幸福

中國茶
發明人：神農氏
起源朝代：遠古傳說
寓意：健康、長壽

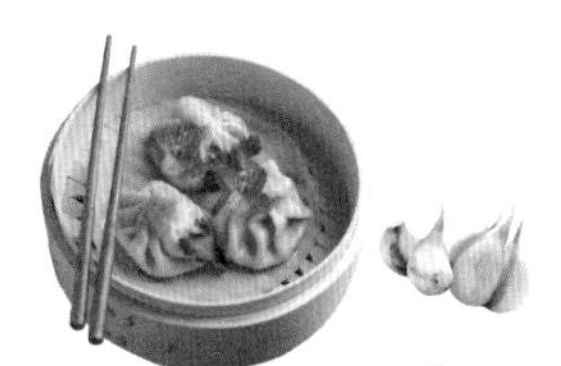

饅頭 • 包子
發明人：諸葛亮
起源朝代：東漢末年
寓意：蒸蒸日上、紅紅火火

豆腐
發明人：劉安
起源朝代：西漢
寓意：招財納福、生活富裕

中國傳統美食文化故事

作　　者：話小屋、丁悅然、末小西、史小杏
繪　　圖：趙光宇、鳳雛插畫、王煜、譚美娜
責任編輯：張斐然
美術設計：許鍩琳
出　　版：新雅文化事業有限公司
香港英皇道 499 號北角工業大廈 18 樓
電話：（852）2138 7998
傳真：（852）2597 4003
網址：http://www.sunya.com.hk
電郵：marketing@sunya.com.hk
發　　行：香港聯合書刊物流有限公司
香港荃灣德士古道220-248號荃灣工業中心16樓
電話：（852）2150 2100
傳真：（852）2407 3062
電郵：info@suplogistics.com.hk
印　　刷：中華商務彩色印刷有限公司
香港新界大埔汀麗路36號
版　　次：二〇二三年一月初版
二〇二四年六月第二次印刷

ISBN: 978-962-08-8134-3

18/F, North Point Industrial Building, 499 King's Road, Hong Kong
Published in Hong Kong SAR, China
Printed in China